현대의학{...}른 {...} {...}병 세계!
〈내 몸을 살리는〉 시리즈를 통해 명쾌한 해답과 함께,
건강을 지키는 새로운 치료법을 배워보자.

건강을 잃으면 모두를 잃습니다. 그럼에도 시간에 쫓기는 현대인들에게 건강은 중요하지만 지키기 어려운 것이 되어버렸습니다. 질 나쁜 식사와 불규칙한 생활습관, 나날이 더해가는 환경오염……. 게다가 막상 질병에 걸리면 병원을 찾는 것 외에는 도리가 없다고 생각해버리는 분들이 많습니다.

상표등록(제 40-0924657) 되어있는 〈내 몸을 살리는〉 시리즈는 의사와 약사, 다이어트 전문가, 대체의학 전문가 등 각계 건강 전문가들이 다양한 치료법과 식품들을 엄중히 선별해 그 효능 등을 입증하고, 이를 일상에 쉽게 적용할 수 있도록 핵심적 내용들만 선별해 집필하였습니다. 어렵게 읽는 건강 서적이 아닌, 누구나 편안하게 머리맡에 꽂아두고 읽을 수 있는 건강 백과 서적이 바로 여기에 있습니다.

흔히 건강관리도 노력이라고 합니다. 건강한 것을 가까이 할수록 몸도 마음도 건강해집니다. 〈내 몸을 살리는〉 시리즈는 여러분이 궁금해 하시는 다양한 분야의 건강 지식은 물론, 어엿한 상표등록브랜드로서 고유의 가치와 철저한 기본을 통해 여러분들에게 올바른 건강 정보를 전달해드릴 것을 약속합니다.

일러두기

이 책은 독자들에게 건강에 대한 정보를 제공하고 있으며,
수록된 정보는 저자의 개인적인 경험과 관찰을
바탕으로 한 것이다.
그리고 지병을 갖고 있거나, 중병에 걸렸거나
처방 약을 복용하고 있는 경우라면,
반드시 전문가와 상의해야 한다.
저자와 출판사는 이 책에 나오는 정보를 사용하거나
적용하는 과정에서 발생되는 어떤 부작용에 대해서도
책임을 지지 않는다는 것을 미리 밝혀 둔다.

내 몸을 살리는
게르마늄

송봉준 지음

모아북스
MOABOOKS

저자 소개   **송봉준 e-mail: twinf1@hanmail.net**

약보다는 올바른 영양소 섭취를 통해 내 몸을 지킬 수 있다고 말하는 송봉준 박사는 현재 원광대학교식품생명공학과 교수이다. 경기대에서 이학석사와 원광대학교 약학대학에서 한약학을 전공했다. 임용 전 현대인들의 건강증진을 위해 종근당건강(주)연구소장, 동일(주)연구소장, 원광제약(주)생약발효연구소장을 역임했으며 저서로는 『건강기능식품학』(2019년 발행), 『내 몸을 살리는 안티에이징』외 다수의 저서가 있다.

내 몸을 살리는 게르마늄

초판 1쇄 인쇄 2019년 06월 20일   **5쇄** 발행 2021년 03월 05일
1쇄 발행 2019년 06월 25일   **8쇄** 발행 2022년 08월 25일
3쇄 발행 2020년 06월 10일

지은이   송봉준
발행인   이용길
발행처   **모아북스**
               MOABOOKS

관리   양성인
디자인   이룸

출판등록번호 제 10-1857호
등록일자   1999. 11. 15
등록된 곳   경기도 고양시 일산동구 호수로(백석동) 358-25 동문타워 2차 519호
대표 전화   0505-627-9784
팩스   031-902-5236
홈페이지   www.moabooks.com
이메일   moabooks@hanmail.net
ISBN   979-11-5849-104-8   03570

모아북스는 독자 여러분의 다양한 원고를 기다리고 있습니다.
(보내실 곳 : moabooks@hanmail.net)

게르마늄수의 기적을 만나자

인체의 70~80%는 물로 구성되어 있다고 할 정도로 물이 우리에게 미치는 영향력은 막강하다. 몸의 장기와 관절 기능에서 물은 중요한 역할을 하며, 인간의 신체는 어찌 보면 물로 이루어진 세포들이 모여 이루어져 있다고 하여도 과언이 아닐 것이다.

때문에 매일 어떤 물을 마시고 사는지가 현대인의 건강을 좌우한다. 헤아릴 수 없이 많은 의학 연구를 통해 좋은 성분의 물을 제대로 마시는 것만으로도 각종 만성 질병이나 난치성 질병을 미리 예방할 수 있다는 것이 상식처럼 알려져 있다. 역사적으로 장수하는 마을의 장수 비결도 좋은 공기와 물, 식습관인 경우가 많다.

그러나 안타깝게도 현대인은 환경오염으로 인해 맑은

공기와 좋은 물을 마시고 살기 어려워지고 있다. 심지어 우리나라 방방곡곡에 있는 약수조차도 지하수 오염과 토양 오염으로 인해 유해한 경우가 많으며, 그 결과 좋은 물을 마시고자 하는 소비자의 욕구로 인하여 각종 식수와 정수기 관련 시장이 크게 확장되고 있다.

그렇다면 어떤 물을 마셔야 하는가?

식수를 선택할 때 가장 중요한 것은 그 물의 안전성, 그리고 함유 성분일 것이다. 마시는 물이 어느 땅에서 어떤 방식으로 얻은 것인지, 건강에 유익한 미네랄과 성분 함량은 어느 정도인지, 엄격한 인증과정을 거쳐 안전성을 입증 받은 것인지를 따지는 것이 중요하다.

마시는 물의 성분을 따질 때 최근 중요시되고 있는 것은 바로 광물 함량과 비율이다. 그중에서도 천연 유기 게르마늄 성분은 장기간 음용했을 때 성인병과 암, 난치성 질병을 치유하거나 병의 진행속도를 늦추고 통증을 완화하는 효과가 있다는 것이 수십 년 간의 연구를 통해 밝혀져 왔다. 유기 게르마늄은 우리나라에도 곳곳의 토양,

약초, 지하수, 온천 등에 함유되어 있는데 다음과 같은 작용을 한다.

- 혈관 내 산소 운반 및 공급
- 세포 활성화
- 암세포를 파괴하는 인터페론 생성
- 각종 성인병 치유 및 완화와 개선

이러한 게르마늄 효과를 증명해주는 것이 바로 인삼을 비롯한 각종 약초들인데, 약초가 재배되는 토양에 게르마늄 함량이 높은 경우가 많다는 사실도 잘 알려져 있다. 때문에 게르마늄이 적정량 함유된 좋은 물을 꾸준히 마실 경우, 실제로 질병의 진행이 늦춰지거나 부작용 없이 치유효과가 나타나는 임상 사례들이 보고되고 있는 것이다. 이 책에서는 유기 게르마늄의 약리적 작용과 원리를 통해 게르마늄이 함유된 식수의 효과에 대한 과학적인 정보를 정확히 제공하고자 한다.

송 봉 준

5장   게르마늄, 무엇이든 물어보세요

내 몸을 지키는 가장 쉬운 방법

1장 기적의 성분 게르마늄

1. 게르마늄이란?

전 세계의 많은 학자들은 물에 함유된 게르마늄의 효능에 주목하고 있으며 우리나라에서도 나오고 있다.

실제로 전국 각지에서 게르마늄 성분이 많이 함유된 토양에서 약초가 많이 나는 것으로 알려졌는데, 실제로 게르마늄 함유량이 높은 지하수가 발견되고 있고 게르마늄을 많이 함유한 온천들도 각광을 받고 있다.

일반적으로 온천은 지하의 광물질 중 어떤 성분으로 이루어졌느냐에 따라 그 효능이 달라진다.

이러한 온천에는 유황온천, 게르마늄온천, 이산화탄소천, 탄산수소식 염천, 염화천, 유산염천, 산성천 등이 있다. 대개 알칼리성 성분의 온천은 신경계 질환에, 탄산온천은 피부질환에 효과가 있는 것으로 알려져 있다.

〈게르마늄의 암 치료 효과에 대한 방송 보도〉

유기 게르마늄 실험을 통해 체내 대식세포, B세포, NK세포 활동성이 현저히 증가하고 항암효과에 영향을 미친다는 추론을 한 바 있다.

김태현 / 한의학박사
이게 세포의 산소 전달 능력이거든요. 게르마늄을 먹어야 하는 사람들은 사실 저는 암 환자들이라고 생각해요

(출처 : 채널A, '논리로 풀다-게르마늄 편' 2013.06 방송)

특히 유황온천은 호흡기, 순환기 질환 및 류머티즘에 효과가 있으며, 게르마늄 온천은 통증 완화에 효과가 있다. 이러한 물 속 게르마늄은 진통 작용을 하는 엔케팔린(enkephalin)[주]의 효능을 지속시키는 기능을 한다.

주) 엔케팔린 : 사람의 중추 신경계에 존재하는 신경 전달 물질 또는 신경 조정 물질. 통증, 운동, 정서, 행동, 그리고 신경 내 분비 조절에 관여하며, 특히 통증의 신호 전달을 받아들이는 신경 세포 수용체에 통증 전달 물질 대신에 결합하여 통증을 조절하는 것으로 알려져 있다.

또한 산성 체질을 알칼리성으로 바꿔주고 신진대사를 활성화시킨다.

게르마늄의 발견

게르마늄은 러시아의 과학자 멘델레예프가 그 존재를 확인한 후, 독일의 과학자 빙클러가 독일산 광석에서 멘델레예프가 액화규소 물질을 발견하고 여기에 독일(German)의 라틴어 이름을 따 게르마늄이라는 이름을 붙이면서 정식 원소가 되었다.

게르마늄은 본래 아연과 구리의 부산물로서 석탄에도 들어있는 금속성 물질이다. 그런데 1948년 미국의 브라츠라인, 바데인, 소크레이 박사가 게르마늄의 반도체 성질을 발견하면서 현대 과학과 공업에 꼭 필요한 물질이 되었다. 그 후 트랜지스터 등의 전자기기, 방사선 탐지장치, 적외선 광학렌즈, 광섬유 통신장치, 열 감지장치 등을 만드는 데 게르마늄이 널리 이용되었다.

게르마늄(=저마늄, Germanium)

화학기호 Ge

원자번호 32

원자량 72.59, 원자가 2~4, 질량수 66~77

그런데 20세기 초에 게르마늄의 또 다른 놀라운 성질이 발견되었다. 그것은 바로 물에 녹는 유기 게르마늄의 발견이다.

2. 유기 게르마늄의 발견

게르마늄과 유기 게르마늄

 본래 자연에서 발견되는 게르마늄은 반도체 성질의 금속 물질로서 산소, 염소, 암모니아 등과 결합되어 있다. 이것을 무기 게르마늄이라고 하며, 주로 공업용 전자부품에 쓰인다. 금속 물질이기 때문에 물에도 용해되지 않는 성질을 갖고 있다.

 그런데 이러한 무기 게르마늄에서 복잡한 과정을 거쳐 얻은 새로운 성질의 게르마늄을 유기 게르마늄이라고 한다. 무기 게르마늄에서 유기 게르마늄을 만드는 연구는 1920년대에 시작되었으나 당시 합성해 만든 유기 게르마늄에는 독성이 있어 인체에 사용할 수 없었다. 그러다 2차 세계대전 후 일본의 한 연구소에서 유기 게르마늄 화합물을 연구 개발하는 데 성공하였다.

 이렇게 합성해서 만든 유기 게르마늄은 무기 게르마늄

과 달리 물에 용해되는 성질이 있다. 특히 인체 내에 들어갔을 때 각종 놀라운 작용을 한다는 것이 연구 끝에 알려졌다.

인체에 무해한 유기 게르마늄

문제는 연구 초기에 화학적으로 합성해서 만들어난 유기 게르마늄에는 여전히 인체 부작용이 있었다는 점이다. 화학 합성 유기 게르마늄의 안전성에 문제가 있음에도 불구하고 이것을 이용한 불법 의약품이 일본 내에서 공공연히 개발, 유통되었다. 이로 인해 부작용을 호소하는 사례가 증가하였다.

이후 일본에서는 이러한 게르마늄의 의약품에 대한 부작용과 안전성을 우려해 유통을 금지시켰고, 불법 게르마늄 의약품을 유통시키다 적발되면 형사처벌을 하였다.

그 후 화학적으로 합성하는 방법이 아닌, 효모를 합성시켜 만든 유기 게르마늄이 개발되었다. 이 유기 게르마늄은 실험 결과 인체에 무해하며 독성도 없었다. 인체에 무해한 유기 게르마늄은 다음과 같은 놀라운 작용을 한다.

- 수용성이라 쉽게 흡수된다.
- 혈관 속에서 산소를 운반한다.
- 세포를 활성화시킨다.
- 암세포를 파괴하는 인터페론을 생성하게 한다.
- 부작용이 전혀 없다.
- 각종 성인병 치료에 효능이 있다.

TIP 이거 알아요? **유기 게르마늄이 인체에 미치는 영향**

- 무기 게르마늄에서 화학작용을 통해 합성하여 만든 유기 게르마늄
  → 인체에 유해
- 자연상태의 각종 약초(예: 인삼)에서 추출한 식물성 유기 게르마늄
  → 인체에 유익
- 자연상태의 각종 물질(약수, 온천, 토양)에 함유되어 있는 미량의 유기 게르마늄
  → 인체에 유익
- 효모와 합성하여 만든 무독성 유기 게르마늄
  → 인체에 유익

3. 유기 게르마늄이 특별한 이유는?

무기 게르마늄은 절대 먹을 수 없다

자연 상태에서 발견되는 광물질인 무기 게르마늄은 전자제품 제조에 쓰이는 공업용 물질이다. 무기 게르마늄은 물에 녹지 않을뿐더러, 인체 내에 들어가면 간과 신장에 독이 쌓이게 하는 독성 물질이다.

그런데 한때 일본에서 무기 게르마늄을 함유한 건강식품이나 건강기기를 제조하여 사회적 물의를 일으킨 적이 있다. 이는 먹을 수 있는 유기 게르마늄이 아니라 먹을 수 없는 무기 게르마늄에 대한 것이었으나 마치 게르마늄 자체가 독성 물질인 것처럼 오해를 불러일으키기도 하였다.

유기 게르마늄의 특별한 작용은 자연 상태에서 식물이나 물에서 얻는 유기 게르마늄 그리고 효모를 사용해 만든 식물성 유기 게르마늄은 여러 독성실험에서 인체에 안전하고 부작용과 독성이 없다. 게다가 인간의 몸속에 들어가고 나서 20~30시간이 지나면 게르마늄 물질 자체가 소변이나 땀과 함께 모두 몸 밖으로 배출된다. 이때 혈관 속 노폐물과 결합하여 배출되는 놀라운 현상이 일어나며 대사 작용을 통해 수소 성분은 내보내고 체내 산소는 활성화시키게 된다.

체내 산소를 활성화시키는 작용을 하는 것이 유기 게르마늄의 가장 특별한 점이다. 게르마늄은 세포 재생을 촉진시켜 병들거나 노화된 세포를 복원시키고, 혈관을 깨끗하게 하여 암 등 각종 난치성 질병을 치유하거나 예방하는 효과가 있다.

이러한 게르마늄의 놀라운 작용을 증명해주는 것이 바로 각종 약초들이다. 특히 우리나라의 인삼에 유기 게르마늄이 다량 함유되어 있다는 것은 잘 알려져 있다.

붙이는 게르마늄 vs. 먹는 게르마늄 활용 범위

무기 게르마늄의 활용

→ 피부 표면에 부착하거나 닿게 함

→ 장신구, 비누, 베개 등

→ 통증 해소, 스트레스 완화

유기 게르마늄의 활용

→ 약수, 샘물, 토양, 약초 등에 함유

→ 암, 성인병 치유

→ 식품의 형태로 섭취함

게르마늄이 함유된 식재료

게르마늄 함유 음식 '눈길'

무기 게르마늄을 몸에 부착하면 이로운 효과가 있다고 하는데 식품으로 섭취되는 유기 게르마늄도 몸에 좋다고 잘 알려져 있다.

그렇다면 게르마늄이 풍부하게 들어있는 음식은 어떤 것이 있을까.

게르마늄이 풍부한 음식 : 마늘, 양파 등

먼저, 마늘은 게르마늄이 풍부한 식재료, 한국인에게 가장 친숙한 식재료이자 향신료다. 마늘에는 칼슘, 셀레늄, 아연, 칼륨, 게르마늄 등이 매우 풍부하고 흑마늘의 경우 이러한 영양소의 함유량이 수십 배 더 높은 것으로 드러났다. 또한 다양한 연구결과에 따르면 마늘 껍질은 알맹이보다 식이섬유, 폴리페놀을 3~5배 이상 함유하고 있으며 항산화력도 더 뛰어났다.

여기서 주의를 기울여야 할 점은 사과, 포도, 고구마와 같은 과일과 채소의 껍질에도 알맹이보다 영양분이 풍부하다고 알려진 것처럼 마늘도 껍질에 풍부한 영양분이 있다는 것이다. 이러한 효능에도 마늘 껍질을 섭취하기는 쉽지 않아 마늘 껍질을 볶아서 물에 달이거나 마늘차로 마시는 방법을 활용하면 좋다. 건강기능성식품에는 마늘환, 마늘즙 등으로 가공한 제품을 선보이고 있다.

또한 양파는 섬유질과 플라보노이드 성분이 풍부하고 비타민C, 베타카로틴 등의 영양이 풍부하다. 양파 역시 다양한 가공방식으로 출시되고 있으며 가장 인기 있는 방식은 물에 달이는 방식으로 추출하는 물 추출 제품이 많이 판매되고 있다. 게르마늄 성분은 양파분말에 다량 함유되어 있다.

게르마늄 함유량을 높인 음식 : 쌀, 달걀 등

이렇게 태생적으로 게르마늄이 풍부한 음식이 있는 반면 함유량을 높여 판매되는 식재료도 있다. 게르마늄 쌀은 게르마늄의 약리효과 덕분에 탄생한 지리산 청정지역 게르마늄 토양에서 생산된 함양쌀, 'DKF 복합 미네랄 쌀' 로 상표 등록된 게르마늄쌀 모두 프리미엄 쌀 시장을 선도하고 있다. 함양쌀은 러시아로도 수출되고 두 제품 모두 다양한 시험성적 공인을 받았다.

게르마늄 계란은 콜레스테롤을 낮추고 노른자 비린내 등을 없애 프리미엄 계란으로 눈길을 끌고 있다. 게르마늄계란은 순수 게르마늄을 입자화하는 기술과 이를 응용하여 사육시킨 닭에서 약리작용이 우수한 게르마늄 활성계란이 나오며 미용, 수험용 등 다양하게 활용된다.

(출처 : 2018.02.01., 조이뉴스, 김진영 기자)

4. 게르마늄과 물의 작용

건강한 삶은 건강한 물에 달렸다

우리 몸을 구성하는 성분의 70~80%는 바로 물이다. 따라서 좋은 성분을 함유하고 있는 질 좋은 물을 마시는 것은 현대인의 건강에 절대적으로 중요하다.

몸속에서 물의 역할

- 세포에 영양분과 산소를 공급한다.
- 소변, 땀을 통해 노폐물을 배출한다.
- 대사활동을 활성화시킨다.
- 체온을 조절한다.
- 음식물 소화, 흡수를 돕는다.
- 관절 움직임을 유연하게 해준다.
- 혈액의 산성, 알칼리성 평형을 유지한다.
- 적혈구가 산소를 품을 수 있게 한다.
- 피부 노화를 예방한다.

- 골수 내의 혈액 생산 시스템을 유지해 각종 감염과 암세포에
  대항하는 면역 시스템을 구축한다.

높은 함량의 게르마늄 샘물

그렇다면 게르마늄이 함유된 물은 어떤 작용을 하는가? 이에 관해 가장 유명한 사례는 바로 '기적의 샘물'이라 불리는 프랑스의 루르드 샘물이다.

루르드는 프랑스 남부 국경지대의 작은 마을로, 19세기 이 마을에 살던 한 소녀가 성모 마리아로부터 계시를 받았다는 이야기가 전해지면서 계시에 따라 성당이 지어졌다. 그리고 이곳에서 자연적으로 솟는 샘물이 각종 질병 치유 효과가 있다는 것이 알려지면서 전 세계에서 연간 수백만 명의 순례객들이 샘물을 마시기 위해 몰려들고 있다.

〈게르마늄이 함유한 샘물 효능〉

13세 소녀가 신장암에 걸려 한쪽 신장을 적출하는 수술을 받았다. 암은 소녀의 뇌로 전이되어 전신이 쇠약해지고 극심한 영양실조에 걸렸으며 피부가 흑색으로 변하고 모발도 전부 빠져 현대의학으로도 어찌할 수 없는 처지에 이르렀다.

소녀의 부모는 죽기 전에 루르드를 한 번 순례하고 기적이라도 바라는 한 가닥 희망에서 소녀를 데리고 루르드 샘물을 찾게 되었다. 소녀는 성수에 몸을 적시고 그 물을 먹었다.

그 후 3일 되던 날 기적이 일어났다. 소녀가 혼자 힘으로 일어나 앉은 것이다. 며칠 후부터 소녀는 조금씩 소생하였다. 이후 종양이 감소하였으며 나중에는 건강을 완전히 회복하게 되었다.

(출처 : 1971.08.09. 미국 〈뉴스위크〉 기사 발췌)

각국 의학자들이 이 샘물의 성분을 분석한 결과, 순식물성 유기 게르마늄 함유량이 매우 높은 것으로 밝혀졌다. 1930년 프랑스의 카렐 박사는 루르드 샘물이 질병 치료 효과가 있다는 보고서를 발표하였다. 또한 이곳의 샘물을 마신 후 각종 질병이 치유되거나 완화되었다는 사례가 수천 건 보고되었다. 전 세계 학자들은 샘물에 함유된 게르마늄의 약리작용에 대해 주목하였으며 이에 대한 활발한 연구가 이루어지게 되었다.

TIP 이거알아요? 루르드 기적의 샘물

루르드의 기적은 1858년 2월 프랑스의 루르드 마을에 살던 베르나데트 수비루라는 소녀가 성모마리아를 목격했다는 체험에서 비롯되었다. 당시에 그녀는 허풍쟁이라는 비난을 받았으나, 이후 1862년 교황은 그녀의 치료를 인정한다고 선언하였으며, 이 마을은 순례지가 되었다.

특히 이곳 지하 샘물이 각종 난치병과 불치병에 기적적인 효험을 지닌 것으로 선포되었다. 순례자들은 이 마을을 방문하여 샘물을 마시고 이 물로 몸을 씻으며 병이 치유되기를 기도한다. 루르드 당국에서는 순례객들에게 샘물을 무상으로 제공하고 있다.

게르마늄 함유한 유기농 쌀

항암 효과, 면역력 강화, 각종 성인병 예방 등 약리효과가 탁월해 '먹는 산소'로 일컬어지고도 있는 게르마늄이 함유된 쌀 생산 브랜드가 출시돼 눈길을 끌고 있다.

영농회사법인 동강농산(대표 오동환)은 게르마늄이 함유된 'DKF 복합 미네랄 쌀'을 상표 출원하고 국내 판매는 물론 중국·일본 등 해외시장 개척에 나섰다. 특히 방사능에 의한 토양침식 우려, 국제 기준 이상 잔류농약 검출 우려 등 잠재적 위험이 도사려있는 일본·중국을 비롯해 쌀 주식국가들의 기능성 쌀에 대한 관심이 점점 높아지며 수출 시장 전망도 밝은 편이어서 주목을 받고 있다.

산소 증식을 통한 항암효과, 항암물질인 인터페론 분비 촉발, 치매의 예방 및 치료, 항산화 작용을 통한 면역력 강화 등 유기 게르마늄의 효능은 이미 세계 의료과학계에 의해 공인됐고, 건강한 몸과 함께 하는 웰빙 라이프가 범지구적 가치로 일반화된 추세가 오 대표에게 동기부여를 했다.

그러나 결과물을 얻는 과정은 쉽지 않았다. 금속 원소 상태로 존재하는 게르마늄을 벼에 흡수시켜 인체에 유효한 일정 함량 이상의 유기 게르마늄 쌀을 생산해야 하기 때문이다.

7년여의 시험 재배기간을 거치고 나서야 오 대표는 원하는 결과치를 얻어 냈다. 농협중앙회식품안전연구원, 친환경농업센터, 대학 부설 연구소등 10개 이상의 검사 성적서에서 무농약 유기농, 게르마늄 및 칼슘, 아연 등을 함유한 쌀·현미의 시험성적을 공인받았다.

(출처 : 아시아경제, 2016.06.15.)

2장   인체에 미치는 게르마늄의 3대 작용

1. 통증 완화

통증은 우리 몸이 보내오는 경고 신호와도 같다.

통증을 느끼는 현상은 몸속에서 엔케푸아리네스라는 효소가 엔돌핀 호르몬을 녹이면서 일어나는 현상인데, 모르핀 같은 강력한 진통제는 이 효소의 작용을 즉시 억누르는 역할을 한다.

바로 이러한 모르핀이 하는 것과 같은 역할을 유기 게르마늄이 하게 된다. 즉각적인 진통작용을 하는 것은 아니나, 유기 게르마늄이 함유된 음식을 물이나 식품의 형태로 섭취하면 통증 완화 효과가 나타나는 것으로 알려졌다.

통증 완화 기능은 유기 게르마늄뿐만 아니라 무기 게르마늄에도 있다. 금속성 무기 게르마늄을 피부에 접촉하거나 붙일 경우, 전자의 침투압 활동에 의해 피부 조직 안쪽으로 반도체 성질이 이온화되어 들어가게 된다.

게르마늄은 기본적으로 반도체 물질이다. 식품을 통해 섭취한 유기 게르마늄과 피부 접촉을 통해 침투시킨 무기 게르마늄의 성분은 혈관 속 전자를 움직이고 방전 작용을 한다. 또한 굳어 있는 혈액을 풀고 움직이게 한다. 그 결과 통증이 감소되는 것이다. 특히 유기 게르마늄은 말기 암환자의 통증을 완화시켜주는 기능을 한다.

유기 게르마늄의 효능	
먹는 산소	산소공급, 혈액정화, 세포 내 산소공급
항암작용	인터페론 분비를 유도하여 항암작용
암, 치매 예방	암세포의 성장을 억제, 치매 예방
중금속 배출	납, 수은, 카드뮴, 백금 등 중금속 체외배출
면역력 강화	혈액의 산성화 방지, 혈관 불순물 제거
진통완화 작용	수술수의 통증, 치통, 생리통 등 완화
노화 예방	지질분해와 노폐물을 제거하여 노화 방지
항산화 작용	유해산소의 수소이온, 산화시켜 배출

2. 항산화 작용

음식물을 통해 섭취한 탄수화물이나 지방은 몸속에서 산소와 함께 연소되어 이 과정에서 세포에 에너지를 공급하게 된다. 여기에서 생기는 수소 이온이 혈액 속에 섞이게 되는데, 이 수소 성분이 과해질 때 몸이 산성화가 된다.

다양한 이유로 혈액순환이 원활하지 않을 경우 산소를 제대로 공급 받기 어려워지고, 그 결과 혈액 속에 수소 이온이 과하게 쌓인 채 배출되지 못하면 각종 질병이 생기는 것이다.

산소를 충분히 공급받지 못한 세포는 기능이 떨어질 뿐만 아니라 기형세포가 되기도 한다. 이렇게 생성된 기형세포가 바로 암세포가 되며, 암을 비롯한 여러 난치성 질병의 원인이 된다. 또 지방 속의 포화지방산이 과산화지질로 변하고 이 과산화지질이 세포를 공격한다. 그래서 산성화된 몸은 각종 질병이 발생할 수 있는 현상과도 같다.

이 수소를 배출시키기 위해서는 수소이온에 산소를 결합시켜 물로 변하게 한 다음 대소변을 통해 체외로 배출시켜야 한다. 유기 게르마늄은 혈액 속 과도한 수소이온을 제거하는 역할을 한다. 혈액에 침투한 게르마늄은 반도체로 작용하면서 혈액의 전자를 이동시킨다. 이때 혈액 속 유해한 수소 전자에 게르마늄이 흡착되어 신장을 통해 체외로 배출된다.

〈게르마늄의 항산화 원리〉

혈액 속 전자 움직임 조절
 → 수소 배출
 → 혈액 속 산소 공급 원활
 → 세포 기능 활성화

수소 이온이 게르마늄과 함께 배출되면 혈액의 산소 농도는 다시 높아진다. 산소를 충분히 공급받은 세포는 면역 등 제 기능을 할 수 있게 된다. 즉 혈액 성분이 정화되고 탁한 피가 맑아지는 것이다.

이러한 과정이 항산화작용의 원리이다. 결과적으로 유기 게르마늄은 몸속에서 산소를 직접 만들어내는 것이 아니지만, 혈액 속 산소가 활성화될 수 있는 환경을 만들어주는 것이다. 게르마늄의 가장 대표적인 효능 중 하나는 바로 항산화작용, 즉 혈액의 산화를 방지하는 작용이라 할 수 있다.

3. 혈관건강

체내에 들어간 유기 게르마늄은 이온화되는 특성이 있다. 이온화되어 혈액 속으로 들어간 게르마늄은 혈액 속에서의 이온의 움직임을 통해 알칼리성과 산성의 평형을 유지한다.

즉 혈액이 산화되면서 발생하는 수소 이온은 게르마늄 전자가 흡착해 물의 형태로 체외로 배출한다. 또한 과도하게 알칼리성이 된 혈액은 게르마늄 전자가 양이온화시켜 균형을 잡는다.

혈액이 산성일 경우 약알칼리성으로, 과도한 알칼리성일 경우 전자작용으로 인하여 양이온의 정상 상태에서 혈액으로 만드는 것이다.

게르마늄 자체의 반도체 성질은 전자의 움직임 및 전기의 흐름에 관여한다. 특히 게르마늄은 사람의 체온에서 금세 이온화된다. 산성과 알칼리성의 균형을 잡아줌으로써 혈액을 정화시키고 혈관건강을 강화시킨다.

이 과정에서 혈액 속 노폐물을 배출하는 효과가 발생한다. 혈중 콜레스테롤 등에 흡착하여 몸 밖으로 배출시키며, 체내에 흡수된 수은, 카드뮴, 납 등 유해한 중금속과 결합하여 체외로 배출시킨다.

결과적으로 혈액 속 산소가 원활하게 운반되고, 세포가 산소공급을 제대로 받게 되면서 혈관이 건강해지고 암이나 심혈관계질환이 치유 혹은 개선될 수 있다. 또한 피부 세포의 기능을 활성화키고 산화물질을 제거함으로써 피부 노화를 방지하고 피부를 윤기 있고 탄력 있게 만드는 기능을 한다.

항염, 진통, 항산화작용 등 게르마늄의 효능

자연계에 존재하는 유기 게르마늄은 토양의 게르마늄을 흡수한 식물이나 미량의 유기 게르마늄을 함유한 샘물이나 온천수에 함유되어 있다. 실제로 질병치료에 도움이 되어 약용으로 이용되는 인삼, 영지버섯, 마늘, 구기자, 밤 등에 미량의 유기 게르마늄이 확인된다. 유기게르마늄은 인체에 무해하며, 몸에 축적되지 않고, 유해물질과 함께 20~30시간 내에 몸 밖으로 배출된다.

최근까지 알려진 게르마늄의 효능은 크게 다음과 같다.

〈게르마늄의 효능〉

- 면역력 강화

면역작용에서 매우 중요한 인터페론의 생성을 촉진하여 면역세포를 활성화해준다.

- 산소 공급, 항산화 작용

산소가 세포막을 통과하여 세포 내로 원활히 이동할 수 있도록 도와준다. 이는 유해산소 제거에도 효과적이어서 세포의 기능을 강화해주고, 세포노화를 막아주는 항산화 효과를 가진다.

- 중금속 배출

산화성이 강한 게르마늄은 수은, 카드뮴 등 중금속을 배출시키는
작용을 한다.

- 혈관청소

혈관벽을 손상시키는 유해산소, 과산화지질 등을 제거하여 혈관을
청소해주어 혈액순환에 도움이 된다.

- 진통작용

인체에서 통증 감각을 조절하는 데 관여하여 진통작용을 하는 엔
케팔린의 분해를 막아주어 진통효과를 유지해주는 데 도움 된다.

(출처 : 하이닥, 2017.07.17. 김선희 기자)

국내 게르마늄수 생산 업체는?

우리나라에서 게르마늄 성분과 유황 성분이 함유된 식수를 생산하는 대표적인 업체로 게르마늄, 유황 함유 기능성 샘물을 생산하는 ㈜천하대금이 있다. 게르마늄수는 적합성과 안전성을 인증 받았을 뿐만 아니라 게르마늄과 황의 함유율이 높아 일반인들에게 알려졌다.

〈주요미네랄 함유량과 물의 특징〉

주요 미네랄 함유량	물의 특징
• 게르마늄 : 3~11 ppb • 황 : 58~110mg/L이하 • 칼슘 : 5.4mg/L이하 • 칼륨 : 1.1mg/L이하 • 나트륨 : 4mg/L이하 • 마그네슘 : 0.1mg/L이하 • 아연 : 0.01mg/L이하 • 스트론튬 : 0.25mg/L이하 • 리튬 : 0.06mg/L이하 • 금 : 0.05mg/L이하 • PH : 7.2~8.0	1. 천혜의 자연환경 대금산 중턱 350m에 위치, 지하 150m암반층에서 취수하는 **청정자연 광천수** 2. 물속에 이온화된 게르마늄과 유황성분 및 다양한 미네랄 성분이 함유된 **프리미엄 미네랄수** 3. 물의 크기(크러스트)가 작아 목 넘김이 부드럽고 흡수율이 빠르며 **뛰어난 물 맛으로** 평가된 천연수 4. 수질검사에 합격한 **안전한 물**

〈적합성 인증 공식 자료〉

분석결과통지서

1996년 게르마늄수 시추장면　　　　분석결과통지서

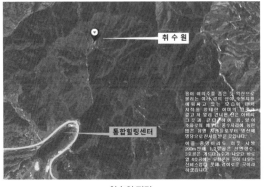

취 수 원

통합힐링센터

취수원 전경

한국과학기술연구원-시험성적서   한국과학기술연구원-시험결과

한국환경수도연구소-시험성적서

수질검사성적서 　　　　　일본 게르마늄 성분 결과보고서

일본 게르마늄 성분검사 결과보고서

3장 게르마늄과 질병의 관계성

1. 암과 게르마늄

체내 산소 부족은 암 발병률을 높인다

암은 정상세포가 돌연변이세포화 되어 건강한 세포의 영양분을 빼앗아 먹으며 번식하는 질병을 말한다. 암이 발생하는 원인은 여러 가지가 있으나 그중 하나는 세포에 공급되는 산소 부족에 있다.

산소가 부족하여 체질이 산성화된 체내는 암세포가 발생하고 증식하기 쉬운 환경이 된다. 이러한 환경에서는 대사작용이 제대로 일어나지 않아 유해 바이러스가 침투하거나 암세포가 발생했을 때 세포가 제대로 방어하거나 퇴치하지 못하게 되는 것이다.

유기 게르마늄은 면역세포를 활성화 시킨다

그런데 유기 게르마늄은 반도체 성질을 지니고 있으므로, 빠르게 분열 및 증식하는 암세포의 전자 전위를 떨어뜨리는 기능을 한다. 전위가 떨어진 암세포는 분열의 속도와 기능도 줄어들게 된다.

또한 게르마늄은 산성화된 혈액과 체내의 노폐물을 배출하고 산소를 충분히 공급하는 작용을 하므로 우리 몸의 면역세포가 정상적인 기능을 하여 암세포를 퇴치할 수 있도록 돕는다. 게르마늄은 세포막을 뚫고 들어가 세포 대사작용을 돕고 비정상적인 세포를 파괴하는 세포의 활동성을 높이는 역할을 한다.

즉 유기 게르마늄은 암세포를 직접 퇴치하는 것은 아니지만, 세포 면역기능을 활성화시켜 간접적으로 암세포를 퇴치하기 좋은 체내 환경을 만들어낸다고 할 수 있다.

암세포 증식을 늦추는 환경을 만든다

현재까지 암치료에서 가장 많이 쓰이는 방사선치료, 즉 화학요법의 경우 암세포에 강한 방사선을 쬐어 암세포를 파괴시키는 치료법이다. 그러나 방사선은 암세포뿐만 아니라 주변의 정상세포까지 파괴하기 때문에 부작용이 있을 수밖에 없다.

반면 유기 게르마늄은 우리 몸의 면역세포가 정상적인 기능을 하도록 신체 대사를 활성화시키는 간접적인 작용을 하므로 부작용 없이 초기 암을 치유할 수 있는 가능성을 높여준다. 또한 세포 정상화 기능을 도우므로, 현재 방사선치료를 받는 암 환자들의 회복을 앞당겨주고, 말기 암 환자의 통증을 완화시키는 역할도 한다.

암세포의 천연무기 인터페론

인터페론이란?

인터페론은 인체에서 발생하는 단백질의 일종으로 세포를 생성하는 물질이다. 우리 몸의 세포가 바이러스에 감염되거나 암세포가 생겼을 때 방어군 역할을 하므로 바이러스 억제인자라고도 부른다. 인터페론 중에 알파-인터페론은 간염 치료에, 베타-인터페론은 다발성 경화증을 치료하는 데 쓰이며, 감마-인터페론은 혈액암 환자의 수명을 연장시키거나 암세포 증식을 억제하는 효과가 있는 것으로 알려져 있다.

문제는 바이러스 퇴치와 암세포 억제 효과를 지닌 인터페론이 체내에서 항상 분비되는 게 아니며 그 양이 매우 적다는 점이다. 그래서 생명공학기술을 이용해 인터페론을 인공으로 대량 생산하여 암 치료에 적용하는 연구가 진행되어 왔다.

암 치유의 열쇠, 인터페론에서 찾다

이 과정에서 게르마늄과 인터페론의 관계가 밝혀졌다. 유기 게르마늄이 인터페론을 생성시키는 물질로 작용한다는 것이다.

실제로 유기 게르마늄을 복용한 암환자들의 체내에서 인터페론 양이 크게 증가했다는 연구 결과가 알려졌다. 암 발생 초기에는 억제효과를, 암 말기에는 통증 경감 효과를 보인 임상연구들이 계속되고 있다.

유기 게르마늄을 음용하면 인터페론이 생성된다

게르마늄은 반도체 성질이 있어 적혈구와 백혈구, 골수, 림프조직의 기능을 활성화시킨다. 이러한 조직들이 활성화될수록 바이러스 방어 기능과 세포 정상화 기능이 향상되므로 전반적인 면역력과 저항력이 높아지며, 대식세포와 킬러세포의 기능을 향상시키므로 암세포 증식을 억제하게 되는 것이다.

즉 인터페론이 직접적으로 외부 바이러스를 공격하는 것이 아니라 세포에 작용하여 저항력을 정상화시켜주며, 유기 게르마늄은 이러한 인터페론이 체내에서 많이 생성될 수 있도록 촉진하는 작용을 한다.

암 예방 · 치유를 돕는 필수 5대 영양소

- 게르마늄
- 비타민A1
- 비타민C
- 미네랄
- 셀레늄

2. 백혈병과 게르마늄

혈액 속 백혈구가 비정상 증식하며 발생

혈액 암의 일종인 백혈병은 혈액에 산소가 부족해진 상태에서 비정상적인 백혈구 세포가 과다 증식하면서 발생하는 질병이다.

백혈구가 과다하게 증식할수록 정작 우리 몸에서 필요로 하는 정상적인 백혈구와 적혈구는 감소한다.

비정상적인 백혈구는 늘어나고 정상적인 백혈구는 줄어들면서 생기는 가장 위험한 문제점은 면역력이 급격히 떨어지는 것이다. 백혈구의 가장 중요한 기능이 바로 면역이기 때문이다.

〈산소와 혈액암의 메커니즘〉

혈액에 공급되는 산소 부족
→ 건강한 적혈구와 백혈구 감소
+
비정상적인 백혈구 증가
→ 백혈구 기능 저하
→ 면역력 저하(각종 동반증상)

면역력과 백혈병

비정상적 백혈구가 증식하면 외부에서 침입하는 모든 종류의 병원균에 제대로 저항하지 못하게 된다. 그래서 감기에 잘 걸리며 모든 종류의 전염성 바이러스에 취약해진다. 종기가 잘 생기기도 하고, 세균에 약해져 상처가 안 낫거나 패혈증에 걸리기도 한다.

또한 정상적인 혈소판이 감소하기 때문에 만성적인 빈혈 상태가 되고, 평소에 걸핏하면 코피를 잘 흘리거나 상처의 출혈이 쉽게 안 멈춘다. 무기력감과 피로감, 발열과 오한이 나타나고, 약간만 움직여도 금방 숨이 차는 등의 증상들도 생긴다.

게르마늄이 백혈병에 미치는 영향

유기 게르마늄을 음용할 경우, 체내에 흡수된 게르마늄 전자는 혈액 속의 적혈구와 결합해 탈수소 반응, 즉 수소는 내보내고 산소는 증가시키는 반응을 일으킨다.

게르마늄은 화학적으로 혈구 속 헤모글로빈과 작용하여 혈액 내 산소공급량을 증가시키며, 이러한 환경이 만들어지면 건강한 적혈구의 활동성이 늘어나며, 체내에서 비정상적인 백혈구가 증식하거나 암세포가 증식할 수 있는 최적의 환경은 바로 산소가 부족한 환경이다.

이러한 비정상 세포를 억제하고 사멸시키기 위해서는 건강한 적혈구와 백혈구, 각종 면역세포가 제 기능을 할 수 있어야 하며, 그러려면 혈액을 비롯한 체내에 산소 공급이 구석구석 이루어져야 한다.

게르마늄은 바로 그러한 환경, 즉 건강한 면역세포와 적혈구가 산소를 충분히 공급받을 수 있는 환경을 만들어주는 일등공신을 하는 것이다.

〈게르마늄의 암 치유 메커니즘〉

게르마늄 음용

→ 게르마늄 전자와 적혈구 결합

→ 수소이온과 반응해 노폐물로 내보냄

→ 탈수소 반응

→ 혈액 내 산소량 증가

→ 적혈구, 백혈구, 면역세포에 산소 공급

→ 비정상 세포 억제

3. 고혈압, 동맥경화, 성인병, 심장병과 게르마늄

유기 게르마늄은 혈중 콜레스테롤을 제거한다

각종 성인병, 동맥경화, 고혈압, 고지혈증 등 심혈관계 질환의 근본적인 원인은 혈액이 탁해지거나 끈끈해지며 혈관 벽이 좁아져 혈액이 원활하게 순환하지 못하기 때문이다.

따라서 이러한 질병들이 만성화되는 것을 예방하고 증상 악화 속도를 늦추려면 혈액 속의 노폐물이 원활하게 배출되고 혈액이 맑아지며 혈관 벽이 튼튼해질 수 있는 환경을 조성해주어야 한다.

성인병과 동맥경화 환자의 경우 장기간의 식생활이나 환경의 영향으로 인해 혈중 콜레스테롤 수치가 증가한 상태이다. 콜레스테롤은 혈관에 붙어 혈액의 순환을 방해하는 주범이라고 할 수 있다.

유기 게르마늄을 음용해 이러한 혈액 속에 게르마늄 성

분이 침투하게 되면, 처음에는 게르마늄 이온이 혈중 콜레스테롤에 작용하게 된다.

이 과정에서 발생하는 게르마늄 화합물이 혈관벽에 부착되어 있던 콜레스테롤 중합체를 움직이게 되는데, 이때 콜레스테롤은 알코올성 화합물로 분해되는 현상이 발생한다. 분해된 콜레스테롤은 자연스럽게 혈관벽에서 떨어져 신장을 통해 배출되는 것이다.

게르마늄은 체내 환경 자체를 정상화 한다

체내에 들어가 혈액 속에 침투한 게르마늄이 수소이온뿐만 아니라 각종 중금속과 유해물질, 그리고 나쁜 콜레스테롤을 분해해 노폐물의 형태로 만들 수 있는 이유는 오로지 게르마늄만이 가진 반도체성 성질 때문이다.

이는 유기 게르마늄이 다른 치료약제와 가장 차별화되는 점이다.

게르마늄 성분은 직접적으로 질병을 치유하거나 유해물질을 죽이는 역할을 하지는 않는다. 다만 혈액과 세포가 원래의 대사기능을 할 수 있도록 간접적인 역할을 한다. 또한 하루 정도가 지나면 노폐물의 형태로 체외로 배출된다. 때문에 유해한 성분이 체내에 축적되거나 부작용이 발생하지 않는다.

그래서 적정량의 유기 게르마늄을 꾸준히 마시는 것이 장기적인 체질 개선에도 중요한 역할을 하는 것이다.

혈관을 청소하여 고혈압 위험을 낮춘다

고혈압 원인은 혈액 속 나트륨과 칼륨이 염분 대사작용의 균형을 잡아주지 못하고 혈관벽 이상 자극을 주고 혈관을 수축하기 때문이다.

게르마늄은 혈액 혈구세포 속에 산소를 충분히 활성화시켜 주고 산소량이 증가하면 혈액의 점도가 정상화되고, 산성화된 이물질들을 배출하게 함으로써 혈액을 맑게 만들어준다.

수소이온을 산소와 결합해서 배출하게 하는 것이 게르마늄의 작용, 혈액 내 중성지질 산화작용도 방지해주고,

콜레스테롤 인자 물질 생성을 억제하는데 도움을 준다.

게르마늄은 혈구와 결합하여 혈구를 활성화시키고 원활한 산소 공급의 원천이 된다.

협심증, 심장질환에 대한 게르마늄의 효과성

협심증과 심근경색 역시 혈관 건강 이상으로 인해 발생하는 질병들이다. 이러한 질환을 완화시키고 혈관 기능을 되살리려면 혈액에 산소 공급이 정상적으로 이루어질 수 있도록 해야만 한다.

협심증을 예방 및 개선시키려면 관상동맥을 확장해주어 정상적으로 산소가 공급될 수 있도록 해야 한다. 심근경색의 경우 관상동맥 혈관벽이 좁아지면서 혈액이 굳고 심장 부근의 근육이 막히면서 발생한다.

이러한 증상들이 발생하는 이유는 신체가 노화되고 대사기능이 떨어졌기 때문이다. 대사기능이 저하되는 주된 원인이 바로 혈액 속 산소 부족이다.

모든 심혈관계 질환을 예방하거나 증상 악화를 늦추려

면 반드시 혈관의 건강관리가 동반되어야 한다. 혈액 속에 산소가 충분히 공급되도록 하는 체내 환경을 평소에 만들어두어야 한다. 그것을 가능하게 해주는 것이 바로 게르마늄 성분이다.

4. 뇌혈관질환 · 간질환과 게르마늄

뇌세포는 산소결핍이 원인

뇌졸중을 비롯한 뇌혈관질환의 가장 큰 원인은 뇌세포에 산소가 부족하거나 결핍되었기 때문이다. 뇌혈관이 막히거나 터져서 발생하는 뇌졸중의 경우, 한국에서 암 다음으로 흔한 사망원인으로 알려져 있다.

〈뇌혈관질환 고위험군〉

- 고혈압이나 당뇨병 등 혈관 관련 질환이 있는 사람
- 과체중이나 고지혈증 등 혈중 콜레스테롤 수치가 높은 사람
- 과음, 흡연하는 사람
- 육식 위주의 식사를 하는 사람
- 운동 부족인 사람
- 스트레스가 많은 생활환경에 노출된 사람

뇌세포에 충분한 산소가 공급되지 못할 경우 뇌세포가

서서히 손상되면서 각종 감각기능이 저하된다. 특히 뇌세포는 나이가 들면서 매일 사멸하며, 한 번 죽은 뇌세포는 더 이상 재생되지 않는다는 점에서 청년기부터 뇌혈관질환을 예방하는 생활습관을 가져야 한다.

꾸준한 관리와 산소 공급이 관건이다

흔히 뇌졸중은 중년 이후 노년기에 발생하는 질병인 것으로 오해하는 경우가 많다. 그러나 중년과 노년기에 뇌졸중이 발생했다는 것은 이미 청년기부터 뇌혈관의 세포가 손상되고 있었다는 증거이다. 모든 종류의 뇌혈관 질환은 이미 20대부터 병변이 진행되고 있었을 가능성이 높다.

따라서 평소 건강한 생활습관을 통해 뇌혈관 세포가 정상적으로 기능할 수 있는 환경을 만들어야 한다. 여기에는 규칙적인 운동과 절주, 금연, 식습관 개선 등이 있다.

뇌혈관질환은 예방이 답이다. 예방을 위해서는 현재 살아있는 뇌세포에 산소가 충분히 공급되도록 해야 한다.

게르마늄 섭취는 뇌세포에 산소가 정상적으로 공급될 수 있는 체내 환경을 만들어준다. 이미 뇌질환이 발병한 후에는 진행 속도를 늦춰주는 효과가 있다.

유기 게르마늄은 간세포 재생을 촉진시킨다

간은 몸속 노폐물을 배출시키고 혈당과 호르몬 작용을 관리하는 가장 중요한 기관이다. 간의 역할과 간질환의 종류에는 다음과 같은 것들이 있다.

〈인체에서 간의 기능〉

- 해독 및 독소(술, 약제 등) 제거
- 혈당 유지-호르몬 분비 조절
- 콜레스테롤 관리 및 조절
- 알부민 등의 혈액 단백, 담즙 등 생산
- 근육기능을 위한 에너지 저장

지방간, 급성 간염, 만성 간염, 간경변, 간암

즉 간은 인체 각 기관이 정상적으로 기능하고 생체의 생명이 유지되도록 하는 화학공장이라 할 수 있으므로, 간세포가 활성화되지 못해 간이 정상적인 기능을 하지 못하면 체내 독소가 쌓이고 호르몬 교란이 일어나 각종 합병증이 발생한다.

게르마늄은 간세포에 작용해 세포가 활성화될 수 있도록 촉진함으로써 우리 몸의 대사기능 정상화에 간접적으로 기여한다. 또한 간염 환자의 황달지수를 떨어뜨리는 등 각종 간질환 진행 속도를 늦추는 효과가 있다.

5. 당뇨병과 게르마늄

대사기능 이상으로 인해 발생한다

당뇨병은 인슐린 호르몬 분비 기능에 이상이 생기면서 발생하는 질병이다.

인슐린 호르몬은 췌장의 랑게르한스섬 세포에서 분비되는데, 분비 자체에 문제가 생기는 경우와, 분비는 제대로 되었으나 다른 대사기능 이상으로 호르몬이 제 기능을 하지 못할 때 당뇨병이 발생한다.

인슐린 분비가 정상적으로 되는 건강한 사람의 경우 체내 인슐인 호르몬에 의해 혈액 속 당질이 정상적인 농도로 유지된다.

반면 인슐린 분비가 잘 안 되거나 대사 이상으로 인슐린이 부족한 상태가 되면 혈액 속 당질이 제대로 이용되지 못한 채 혈액 속에 남게 되어 혈당 수치가 올라간다. 또한 이것이 그대로 소변으로 배출된다.

또한 당질이 에너지 대사에 제대로 이용되지 못하고

지방산으로 변하는 과정에서 수소이온이 많이 발생하며 이것은 간과 체내 환경을 산성으로 만들어 악순환이 반복된다.

정상적인 인슐린 분비를 촉진한다

이러한 당뇨병을 치료하기 위해서는 제일 먼저 인슐린 분비가 정상적으로 활성화되도록 하거나, 분비된 인슐린이 원래의 기능을 할 수 있도록 대사기능이 정상화되어야 한다.

그러기 위해서는 인슐린이 분비되는 췌장세포에 산소를 충분히 공급함으로써 랑게르한스섬 세포의 정상적인 기능이 촉진되어야 하는데, 이 촉진작용을 돕는 것이 유기 게르마늄의 역할이다. 즉 인슐린 분비가 정상화될 수 있도록 돕고, 분비된 인슐린이 잘 전달될 수 있도록 신체 대사를 활성화시키는 기능을 한다.

6. 폐질환과 게르마늄

폐결핵, 폐암에 대한 게르마늄의 치유력

인체 모든 기관의 세포에 산소 공급이 충분히 되어야 하지만, 그중에서도 폐세포 조직은 산소 활성화가 가장 중요한 역할을 한다. 폐세포에 산소 공급이 부족해져 병변이 발생하거나 기능이 떨어지면서 생기는 질병이 폐결핵을 비롯한 폐질환이며, 나아가 폐암의 원인이 되기도 한다.

따라서 폐세포에 항상 충분한 산소를 공급하는 것이 절대적으로 필요한데, 최근 초미세먼지 증가와 대기질 오염은 현대인의 폐기능을 저하시키고 폐암 발병률을 높이는 주범이라 할 수 있다. 유기 게르마늄은 공기 흡입이 아닌 음용의 방법으로 폐포에 산소를 공급하는 역할을 한다. 게르마늄을 음용할 경우 폐세포 속의 혈구와 게르마늄 전자가 결합하여 병변 부위를 치유하고 순환을 도와 폐세포에 영양소가 제대로 공급되도록 해준다.

4장 게르마늄수 음용 사례

자궁암 진행이 멈췄어요

(이○○, 45세, 여)

자녀 출산 후 매년 건강검진을 받던 중 자궁에 물혹이 발견되어 제거하는 수술을 받았으나 5년 후 자궁암 초기 진단을 받았어요. 다행히 초기에 발견하여 수술 후 입원과 지속적인 치료를 받으면서 식습관과 생활습관을 개선해야 할 필요를 느꼈는데 마침 지인의 권유로 게르마늄수를 마시기 시작했어요.

퇴원 후에도 관리를 위해 치료를 받으면서 게르마늄수를 매일 한 병씩 마셨는데 1년 후 다시 검진을 했을 때 암세포가 더 이상 발견되지 않았어요. 이제는 게르마늄수를 일상적으로 마시면서 식이요법을 병행하니 컨디션이 전보다 훨씬 좋아졌다는 걸 느끼고 있어요.

위 절제 수술 후 게르마늄수를 마시고 있어요

(최○○, 59세, 여)

위암 판정을 받고 위 절제 수술 후 병원 치료를 받으면서 회복 식단으로 식사를 했지만 입맛과 체중이 돌아오지 않았어요. 이전과 다른 식단과 함께 기존에 마시던 물 대신 게르마늄수를 매일 자주 마시고 식단관리와 치료도 꾸준히 병행했어요. 그 후 8개월이 지나자 서서히 입맛이 돌아오고 체중이 정상적으로 돌아왔어요. 2년이 지난 지금 거의 완전히 건강을 회복하게 되었어요.

간경변을 극복했어요

(박OO, 50세, 남)

직업 특성상 젊었을 때부터 술 담배를 많이 하고 건강 관리를 거의 하지 못했어요. 그러던 어느 날 입맛이 없고 몸무게가 줄고 헛구역질을 하며 만성피로가 사라지지 않아 병원을 찾은 결과 간경변 진단을 받았고 복수도 차 있었어요.

입원치료와 함께 금주, 금연을 하고 식습관을 바꾸라는 의사의 권고에 따라 생활습관을 바꿨으나 한동안 식욕이 없고 의욕이 생기지 않았어요. 그러던 중 아내의 권유로 게르마늄수를 마시게 되었는데 병원치료 두 달 후 식욕이 돌아오기 시작했어요.

그 후 1년 반이 지난 지금 식이요법을 지키고 매일 게르마늄수를 마시고 있는데 더 이상 병이 진행되지 않고 건강을 회복하게 되었어요.

당뇨 증상이 완화되었어요

(배OO, 42세, 남)

평소에 만성피로에 시달리다가 병원에서 검사를 한 결과 당뇨병 진단을 받았고 인슐린 주사를 매일 맞아야 했어요. 우연히 유기 게르마늄이 각종 성인병과 만성질환에 효과적이라는 이야기를 듣고 아무래도 물로 마시는 게 부담이 적을 것 같아 게르마늄수를 매일 한 병씩 마시기 시작했어요.

3개월 후 의사가 인슐린 수치가 개선되었다며 주사량을 줄여도 되겠다고 이야기했고, 1년 6개월이 지난 지금은 주사량이 훨씬 감소하고 컨디션도 좋아졌어요.

당뇨 관리를 계속하면서 게르마늄수도 꾸준히 마실 생각입니다.

암수술 후의 통증이 줄었어요

(구OO, 49세, 남)

1년 전 직장암 수술을 받았으나 수술 후에도 한동안 통증이 줄지 않고 혈변이 보여 고생했어요. 병원치료를 계속 받았으나 회복이 느리고 식욕도 없었어요. 그때 친구의 권유로 게르마늄수를 물 대신 마시기 시작했는데 처음에는 물이 무슨 효과가 있겠냐 싶어 믿지 않았어요.

그렇게 4개월쯤 지나자 통증이 줄고 혈변도 더 이상 보지 않게 되었어요. 이후 입맛을 회복하고 건강을 회복한 지금도 게르마늄수는 계속해서 매일 마시고 있어요.

암 전이가 멈췄어요

(박OO, 46세, 여)

몇 년 전 유방암 진단을 받았으나 수술이 불가한 상태라는 이야기를 듣고 청천벽력 같았어요. 게다가 암세포가 폐로도 전이되기 시작하여 완치가 어렵다 하였고, 하는 수 없이 화학치료를 계속해서 받는 수밖에 없었어요.

이런저런 건강기능식품을 찾던 중 밑져야 본전이라는 생각으로 게르마늄수를 매일 마시기 시작했는데 몇 달 후 의사에게서 뜻밖의 이야기를 들었어요. 전이가 더 이상 진행되지 않았고 오히려 폐 부분의 암세포는 줄어들었다고요.

이후 1년이 지난 지금까지 화학치료를 계속 받고 있지만 컨디션이 전보다 나아졌고 웬만한 일상생활도 할 수 있게 되었어요. 이제는 습관처럼 게르마늄수를 마시고 있어요.

관절 통증이 가라앉았어요

(민OO, 56세, 여)

류머티즘이 심해 무릎, 발목이 너무 아프고 제대로 걷기도 힘들 정도였어요. 병원 치료와 진통제로도 통증이 가라앉지 않던 중 통증에 게르마늄이 효과적이라는 이야기를 듣고 게르마늄 생수를 주문해서 매일 마시게 되었어요. 그런데 놀랍게도 두 달 지나자 걷는 게 전보다 덜 힘들고 통증도 많이 가라앉았어요. 전보다 피곤함도 덜하고 통증도 줄었다는 게 확실히 느껴집니다.

암세포가 줄어들었어요

(이OO, 59세, 남)

폐암 4기 진단을 받은 후 항암제 처방과 함께 방사선치료를 받고 있었어요. 암을 너무 늦게 발견해 희망을 잃어버린 상태라 직장동료가 게르마늄을 먹어보라고 할 때도 시큰둥했습니다. 그러다 혹시나 하는 마음으로 게르마늄수를 매일 마시기 시작했는데 몸의 열감이 줄어들고 컨디션이 나아진다는 느낌을 받았지요.

몇 달 후 병원에서 진단 결과 암세포가 상당히 줄었다는 결과를 들었습니다. 1년이 지난 지금 통원하면서 병원치료를 계속 받고 있지만 게르마늄수도 꾸준히 마시고 있습니다.

식욕이 돌아오고 몸이 가벼워졌어요

(박OO, 57세, 남)

언제부턴가 늘 소화가 안 되고 식욕이 뚝 떨어지고 컨디션이 너무 안 좋아 병원에서 검사를 해보니 간경변이 진행되고 있었어요. 전부터 고혈압이 있었는데 제대로 관리를 하지 못했고 이제는 간까지 안 좋아졌습니다. 복수가 차 있는 등 심각한 상태라 입원해서 치료를 받았고, 이후 더 이상은 안 되겠다는 생각에 술 담배를 끊고 식습관도 완전히 바꾸기로 결심했습니다.

이때부터 마시기 시작한 게 주변에서 권유 받은 게르마늄수였는데 처음에는 물을 바꾸는 게 무슨 소용이 있겠나 싶었습니다. 그런데 퇴원 후에도 식이요법을 지키면서 게르마늄수를 매일 마신 결과, 1년이 지난 지금은 확실히 증상이 나아졌습니다. 간경변은 여전히 치료해야 하지만 입맛이 회복되고 몸에 힘도 생겼습니다. 가족을 생각해서라도 건강관리를 하고 게르마늄수도 꾸준히 마실 계획입니다.

손발이 따뜻해지고 생리통이 줄었어요

(김OO, 43세, 여)

10대 때부터 결혼과 출산 후에도 늘 생리통이 심해 생리기간에는 아무 것도 하지 못할 정도였어요. 생리불순도 심각할 정도라 몇 달씩 생리가 끊기기도 했고 늘 손발이 차서 한약도 먹어봤지만 그때뿐이었어요. 그러다 친구한테서 게르마늄이 좋다는 얘기를 듣고 부담 없는 게르마늄 물을 마시기 시작했는데, 1년이 지난 지금 믿을 수 없을 정도로 컨디션이 좋아졌어요.

완벽하게는 아니지만 생리주기가 전보다 규칙적으로 되었고, 특히 생리통이 확 줄어들었다는 걸 느꼈어요.

앞으로는 운동을 병행하면서 게르마늄수도 계속 마시려 해요.

5장 게르마늄, 무엇이든 물어보세요

> **Q. 먹는 게르마늄은 게르마늄 팔찌와 어떻게 다른가요?**

A : 게르마늄은 크게 무기 게르마늄과 유기 게르마늄으로 나닙니다. 무기 게르마늄은 광물에서 얻는 것으로 팔찌나 목걸이와 같은 장신구나 매트에 사용됩니다. 즉 사람이 절대 먹을 수 없는 물질입니다. 예를 들어 철분을 섭취하기 위해 철로 만든 못을 갈아서 먹으면 안 되는 것처럼, 게르마늄도 반도체 광물질 자체를 섭취할 수는 없습니다.

반면에 유기 게르마늄은 무기 게르마늄을 인공적으로 합성해서 만든 것입니다. 초창기에는 이렇게 만든 유기 게르마늄도 부작용 사례가 보고되었고 일부 악덕 업체에서 안전성을 검증하지 않은 채 불법 게르마늄 식품을 만들어 유통시킨 적도 있었으나 지금은 일본, 미국, 한국에서 법적으로 금지되어 있습니다.

유기 게르마늄은 우리 주변의 토양과 특정 지역의 지하수에도 함유되어 있으며, 인삼, 구기자, 영지버섯, 흑마늘, 각종 약초에도 들어 있습니다. 즉 무기 게르마늄과 달리 유기 게르마늄, 특히 천연 상태에서 얻는 유기 게르마늄은 인체에 안전하며 많은 효능을 지니고 있습니다.

Q. 게르마늄에서 라돈이 나오나요?

A : 최근 침대나 온열기구 등 각종 건강의료기기에서 라돈이 검출되었다는 뉴스가 소비자들을 충격에 빠지게 하였습니다. 그러나 실제로 게르마늄이라는 광물 자체에서는 방사선이나 라돈이 나오지 않습니다. 만약 무기 게르마늄으로 만든 건강기기에서 라돈이 검출되었다면 그 제품 내에 다른 광물성분이 섞여 있었기 때문일 가능성이 높습니다.

무엇보다 라돈 검출로 문제가 된 제품은 먹는 제품이 아니라 건강기기 제품들입니다. 광물이 아닌 유기 게르마늄이 함유된 물이나 식품은 방사선과는 아무 관련이 없습니다.

Q. 먹는 게르마늄 안전한가요?

A : 시중에 유통되는 모든 종류의 식수와 건강기능식품의 안전성을 확인하는 확실한 방법은 공식 기관에서 승인을 받았는지, 정부의 인정과 검증을 받은 것인지, 엄격한 평가과정을 거쳐 식약처 인정을 받은 것인지를 확인하는 것입니다. 만약 음용하고자 하는 식수나 섭취하고자 하는 식품에서 이러한 인증을 확인할 수 없다면 먹지 않는 것이 좋습니다.

현재까지 효과성에 의문이 제기된 게르마늄 제품은 먹는 제품이 아니라 장신구 등 무기 게르마늄 제품입니다. 먹는 유기 게르마늄의 효과성에 대한 연구는 수십 년간 전 세계에서 꾸준히 이루어져왔습니다. 만약 제대로 된 인증을 받은 제품이라면 안심하고 섭취해도 좋을 것입니다.

Q. 게르마늄 부작용은 없나요?

A : 오래 전에 먹는 게르마늄의 부작용 사례들이 일본에서 보고된 바 있습니다. 그런데 이 시기의 유기 게르마늄은 일본, 독일 등에서 유기 게르마늄 개발을 위해 화학적으로 합성해 제조한 것이었습니다. 무기 게르마늄을 화학적으로 합성해 만든 게르마늄은 유기 게르마늄일지라도 중금속 성분이 잔류해 있는 등 안전성이 부족했으며 이후 미국 FDA에서 수입을 금지하고, 우리나라에서도 수입과 유통을 금지하였습니다.

이후 새롭게 개발한 것이 효모로 합성해 만든 식물성 유기 게르마늄으로, 수많은 연구와 실험을 통해 안전성을 인정받게 되었으며, 관련 제품은 미국 FDA와 일본 후 생성, 한국 식약처에서 인증을 받았습니다.

　다시 말해 식수나 먹는 제품에 들어있는 유기 게르마늄 함량이 표기되어 있는지, 정부 인증을 받은 제품인지가 확실하다면 장기적으로 마셔도 위험성과 부작용이 전혀 없습니다.

내 몸을 지키는 가장 쉬운 방법

좋은 물의 건강 효과는 아무리 강조해도 지나치지 않다. 이를 증명하는 것은 신비의 샘물이나 약수에 대한 유명한 일화들이다.

연간 수백만 명이 방문하고 있는 프랑스의 게르마늄 샘물인 루르드 샘물의 기적 이야기부터, 미국이 전설적인 농구선수 매직 존슨이 이 물을 마시고 에이즈를 치료했다고 알려진 후 해마다 수백만 명이 찾고 있는 멕시코 트라코테 샘물까지, 좋은 물에 대한 현대인의 신화는 계속되고 있다.

신비의 샘물로 알려진 천연의 물은 알고 보면 그 속의 광물 성분 때문인 경우가 많다. 그 중에서도 게르마늄 성분은 부작용 없이 세포에 작용해 우리 몸의 체질 자체를 건강한 환경으로 바꿔준다는 점에서 과학적인 관점으로 이해할 필요가 있다.

유기 게르마늄이 함유된 물을 마시면 세포 대사작용이 점차 활성화될 뿐만 아니라, 게르마늄 성분 자체는 인간의 몸속에 들어가고 나서 20~30시간이 지나면 노폐물의 형태로 체외 배출된다.

게르마늄은 세포 재생을 촉진시켜 세포를 건강하게 복원시키고, 혈관 속을 깨끗하게 청소하여 암이나 난치성 질병을 치유 및 예방하는 효과가 있다. 모쪼록 건강한 물을 제대로 알고 마셔 평생의 건강을 지키기를 기원한다.

건강이 보이는 건강 지혜를 한권의 책 속에서 찾아보자!

도서구입 및 문의 : 대표전화 0505-627-9784

⇨ 내 몸을 살리는 시리즈는 계속 출간 됩니다.

독자 여러분의 소중한 원고를 기다립니다

독자 여러분의 소중한 원고를 기다리고 있습니다.
집필을 끝냈거나 혹은 집필 중인 원고가 있으신 분은
moabooks@hanmail.net으로 원고의
간단한 기획의도와 개요, 연락처 등과 함께 보내주시면
최대한 빨리 검토 후 연락드리겠습니다.
머뭇거리지 마시고 언제라도
모아북스 편집부의 문을 두드리시면
반갑게 맞이하겠습니다.